AF314248

INSTRUCTION

SUR LA CONSERVATION

ET LES USAGES

DES POMMES-DE-TERRE,

Publiée par la Commission d'Agriculture et des Arts.

La Commission d'Agriculture et des Arts, pénétrée des avantages multipliés que l'économie rurale et domestique peut retirer des pommes-de-terre, considérées sous leurs différens rapports, croit qu'il est de son devoir de prendre les mesures nécessaires pour tourner les regards des habitans de la campagne sur la culture de cette précieuse racine. Mais à quoi serviront ses efforts, si, au moment de jouir d'une pareille ressource, elle alloit leur être enlevée par la gelée ou par la germination ?

A

D'un autre côté, comme l'abondance d'une denrée devient superflue quand on n'en trouve pas la consommation, il a paru indispensable de retracer ici, en abrégé, l'étendue des usages auxquels on peut faire servir celle dont il s'agit.

Sans doute, dans un moment où les amis du bien public ne pensent et n'agissent que pour le salut de la patrie, toutes les vues, toutes les sollicitudes doivent tendre vers les moyens d'augmenter la subsistance et de diminuer la consommation des grains. C'est dans l'espérance de concourir à opérer ce double bienfait, que la Commission a cru nécessaire de consigner, dans une nouvelle Instruction sur les pommes-de-terre, les meilleures pratiques à suivre pour leur conservation, et d'indiquer en même tems les différens emplois qu'on peut en faire pour la nourriture des hommes et des animaux.

I.

CONSERVATION DES POMMES-DE-TERRE.

L'objet de la conservation des pommes-de-terre est d'un intérêt si majeur, que, pour ne rien omettre d'essentiel à cet égard, on va réunir les pratiques les plus avantageuses, usitées en différens cantons : les cultivateurs choisiront celle qu'ils croiront la plus conforme à leur position.

La provision de pommes-de-terre qui ne consiste que dans quelques setiers, n'est pas d'une garde difficile, parce qu'on peut, sans embarras et sans frais, la transporter sur-le-champ de la cave au grenier, des hangards au cellier, selon la température ; mais les grandes quantités prescrivent d'autres méthodes de conservation. Voici celles en faveur desquelles l'expérience a prononcé.

Première pratique.

On peut conserver les pommes-de-terre comme les autres racines potagères, dans tous les endroits secs, pourvu qu'on n'y laisse point pénétrer le chaud, le froid et les animaux, qu'on les éloigne des murs, qu'on les divise par tas de deux à trois pieds au plus d'épaisseur, qu'on les sépare et qu'on les recouvre au moyen de planches , ou de paille , ou de feuilles séchées , ou de sable.

Une précaution dont l'usage est quelquefois indispensable , quand on s'apperçoit que les pommes-de-terre vont s'échauffer intérieurement , c'est de les remuer à la pelle , de les changer de sacs ou de tonneaux , lorsqu'elles y sont renfermées ; ce mouvement les rafraîchit , et interrompt la fermentation qui pourroit s'y établir et les détériorer.

Seconde pratique.

On place les pommes-de-terre à l'air sur un terrein sec , à l'abri des bestiaux , et dont on fait des tas séparés en forme de pain de sucre , de trois pieds de hauteur ; on les couvre de trois à quatre pouces de paille , et on jette sur cette paille cinq à six pouces de terre , qu'on bat bien avec le dos de la bêche pour que les eaux de pluie puissent glisser dessus sans s'infiltrer dans le tas. On trouve aisément la terre nécessaire pour faire cette ouverture , en pratiquant , autour de chaque tas , un petit fossé pour faire écouler les eaux. Enfin , lorsque les grands froids surviennent , on les couvre avec du fumier sec , d'un pied d'épaisseur , pour les préserver de la gelée.

Quand on voudra consommer les pommes-de-terre , on en transportera à la maison un tas tout entier ; parce qu'il seroit difficile de les recouvrir assez bien pour le garantir des intempéries de la saison.

Au lieu de former les tas ainsi qu'il vient d'être dit , on pourra les faire en long dans la direction du midi , s'il se peut , toujours de trois pieds de hauteur et en dos-d'âne ; on les recouvrira de la même manière , et alors on en placera davantage dans un petit espace. En ouvrant les tas par l'extrêmité du côté du nord , on aura soin de les refermer exactement avec de la paille ou des paillassons.

Troisième pratique.

Il est une troisième pratique qui consiste à creuser dans le terrein le plus élevé , le plus sec et le plus voisin de la maison, une fosse d'une profondeur et largeur propordonnées à la quantité de pommes-de-terre qu'on a dessein de conserver; on garnit le fond et les parois avec de la paille longue. Les racines, une fois déposées, seront recouvertes ensuite d'un autre lit de paille ; on pratiquera, après cela, une meule en talus, et on aura soin que la fosse soit moins profonde du côté d'où on tirera les pommes-de-terre pour la consommation, en observant de clore l'entrée, chaque fois qu'on en ôtera.

Quatrième pratique.

Une quatrième pratique supplée aux fosses à conserver les pommes-de-terre sans aucun inconvénient ; il s'agit de ménager, dans l'intérieur d'une grange ou de tel autre endroit dont on pourra disposer, avec des claies qui servent ordinairement aux parcs de moutons, ou avec des planches, un espace plus ou moins considérable selon la récolte, en réservant un passage pour y conduire, déposer et enlever ces racines à mesure de la consommation : on conçoit que cet espace est entouré, tous les ans, par les grains et les fourrages.

(7)

Pour prolonger la durée des pommes-
de-terre en substance au-delà du terme
ordinaire , il existe encore deux moyens
de conservation. Il est utile de les pré-
senter ici.

Cinquième pratique.

Elle consiste à faire subir aux pommes-
de-terre , sans les laver , quelques bouil-
lons dans une eau un peu salée , ce qu'on
nomme vulgairement *blanchir* ; on les
pèle et on les coupe par tranches , on les
expose au-dessus d'un four de boulanger;
elles acquièrent alors la sécheresse , la
solidité et la transparence d'une corne ,
et peuvent se conserver ainsi pendant des
siècles sans s'altérer , quel que soit l'endroit où elles seront mises en réserve.

Sixième pratique.

Elle concerne la nourriture des bestiaux. Après avoir lavé les pommes-de-
terre, on les porte au pressoir comme les
pommes pour faire le cidre. On divise le
marc par petits pains qu'on expose dans
un lieu aéré ; ils y sèchent aisément et
servent avec avantage pendant toute

A 4

(8)

l'année à augmenter la subsistance des animaux, sans avoir besoin de recourir à aucune autre préparation pour en former un aliment.

Septième pratique.

Un dernier moyen de perpétuer, d'étendre l'usage des pommes-de-terre, d'en tirer même parti lorsque quelques accidens inopinés les rendent peu propres à servir de nourriture en substance, c'est d'extraire leur farine, fécule ou amidon ; mais alors il faut qu'elles ne soient ni cuites, ni séchées, ni altérées jusqu'à un certain point ; chaque ménage peut en faire sa provision au moyen d'une rape et d'un tamis. Une livre de ces racines en donne depuis deux jusqu'à trois onces ; elles en fournissent d'autant plus qu'elles ont été récoltées sur des terreins élevés, légers, et que la saison n'a pas été trop humide.

Observations sur ces pratiques.

Tous les autres moyens de conservation proposés et vantés doivent être absolument rejettés, sur-tout celui qui prescrit de couper les pommes-de-terre par rouelles, de les exposer ensuite sur des claies à la chaleur du soleil ou du feu , et de les porter après cela au moulin pour en faire de la farine.

Ce moyen seroit, sans contredit, le plus simple , le plus naturel et le plus expéditif pour le tems où la pomme-de-terre nous échappe et demande à retourner à la terre : mais les racines qui ont subi cette dessiccation ne sauroient reprendre ni par la cuisson , ni par la panification leur première saveur. Toujours elles offrent une matière désagréable à la vue et au goût , qui répugne même aux animaux qu'on voudroit continuer de nourrir avec ces racines.

Il faut donc que ceux qui voudroient en avoir en réserve , afin de pouvoir attendre la prochaine récolte , fassent précéder la dessiccation d'un commencement de cuisson , et cette opération simple en apparence ne sauroit guères convenir qu'aux petits ménages.

Pommes-de-terre auxquelles il est survenu
des accidens.

Malgré les soins de la prévoyance la plus attentive pour garantir jusqu'au printems les pommes-de-terre de tout événement fâcheux, un froid inopiné, excessif et durable, tel, par exemple, que celui de 1788 ; une température douce, humide et continue comme celle de l'hiver de 1787 ; une saison tardive et des gelées blanches dès le commencement de Fructidor ; tous ces contre-tems peuvent mettre en défaut les pratiques de conservation indiquées, et faire perdre en un instant la ressource de l'hiver pour tout un canton. Il est donc nécessaire de faire connoître les usages auxquels, dans ces différens états, ces racines peuvent encore être employées, sans aucun inconvénient, pour la santé ; l'ignorance et l'esprit de système ont donné des conseils perfides à cet égard, il est à propos de les dissiper par les armes de l'expérience.

Pommes-de-terre non mûres.

Lorsque la végétation a été languis-
sante , et que les gelées blanches ont ,
de bonne-heure , flétri le feuillage , les
pommes-de-terre , dépouillées , par cet
accident , de la faculté d'attirer les fluides
essentiels à leur entier accroissement ,
restent au point de maturité où elles
étoient alors. L'examen des pommes-de-
terre non mûres comparées à celles des
pommes-de-terre qui ont parcouru sans
événement le cercle de leur végétation ,
ne présente d'autre différence , si ce
n'est qu'elles fournissent moins d'amidon , qu'elles sont plus susceptibles du
froid et de la germination , qu'elles
cuisent plus facilement , sont plus fades :
toutes circonstances qui dépendent de
la surabondance d'eau qu'elles contiennent ; mais elles jouissent déjà de toutes
leurs propriétés physiques et écono-
miques , nouvelle preuve que l'organe de
la reproduction n'est point la dernière
opération de la nature végétante.

Pommes-de-terre gelées.

Lorsque cet accident est arrivé, au lieu d'abandonner les pommes-de-terre, on peut encore en tirer le même parti qu'avant la gelée, moyennant l'emploi de quelques précautions praticables partout.

Une fois surprises par le froid, les pommes-de-terre doivent rester dans cet état, autant que l'on peut; et quand il s'agit de les employer, il faut, à mesure qu'on les consomme, les mettre tremper dans l'eau la plus froide pendant quelques heures; elles reprennent, à peu de chose près, leur saveur et consistance ordinaires, mais aucun moyen ne sauroit empêcher que le principe de leur reproduction ne soit détruit.

Dès que la température s'adoucit, les pommes-de-terre gelées se ramollissent; l'eau qui, dans l'état naturel, tient leurs parties écartées les unes des autres, s'en sépare, se rassemble en masse, ruissèle de toutes parts quand on les presse sous les doigts, et devient l'instrument de leur propre destruction. Il faut prévenir leur dépérissement total, en se hâtant de leur assiguer une destination, après toutefois les avoir laissé macérer dans l'eau froide, en les donnant à manger aux bestiaux, en les introduisant dans la masse du pain, en les portant au moulin pour en extraire l'amidon, ou au pressoir pour en former des pains avec le marc, enfin en les coupant par tranches et les faisant sécher.

Si on les laissoit se dégeler d'elles-mêmes, elles acquerroient bientôt ce désordre, ce dérangement dans la texture organique, dont l'effet est plus sensible dans les espèces rouges que dans les blanches, et ne seroient plus propres qu'à jetter sur le fumier.

Pommes-de-terre germées.

Si, par négligence ou autrement, on a laissé les pommes-de-terre s'échauffer dans le tas, elles deviennent dures et filandreuses à la cuisson, et contractent un goût sauvageon et âcre ; dans cet état d'altération où se trouve leur pulpe nourricière, elles n'ont rien perdu de leur avantage pour la plantation.

En supposant toujours de grandes

provisions de pommes-de-terre germées
à l'époque encore éloignée de la plantation , il ne faut pas différer , pour prévenir un grand désordre, de les employer
à la boulangerie et à l'amidonnerie.

On arrête bien le travail de la germination , en arrachant les jeunes pous-
ses , en étendant les racines dans un endroit sec et frais ; alors on peut en tirer
parti comme aliment jusqu'au retour du
printems ; elles n'en sont pas moins propres à la reproduction.

Observations sur les pommes-de-terre gelées ,
germées ou non mûres.

Le froid et la chaleur humide continus
sont donc les plus puissans ennemis que
les pommes-de-terre aient à redouter.
L'un leur enlève la faculté de se conserver et de se reproduire ; l'autre porté à
un certain degré , les met hors d'état de
servir de nourriture en substance, sans
pour cela les rendre moins propres à la
végétation ; mais quels que soient les
moyens publiés pour ramener ces racines
à leur premier état , les résultats ne sont
jamais aussi parfaits.

L'emploi le plus utile auquel il soit possible de consacrer les pommes-de terre gelées, c'est de les faire entrer dans la composition du pain, après les avoir traitées ainsi qu'il a été recommandé. Ce pain dont on pourroit faire en avance plusieurs fournées, se tenant frais long-tems sans se moisir, pourvu qu'on le place dans un endroit sec, offre un puissant moyen de tirer parti d'une denrée qu'il faudroit nécessairement jetter, dès que le dégel l'auroit tout-à-fait pénétrée.

L'amour des primeurs fait souvent manger les pommes-de-terre avant qu'elles soient parfaitement mûres, sans que leur usage soit suivi d'aucuns inconvéniens. Cette circonstance bien avérée, devroit empêcher de proscrire l'emploi de ces racines, sous le simple soupçon qu'alors elles peuvent, comme les grains, devenir dangereuses à la santé.

Quant aux pommes-de-terre germées jusqu'à un certain point, elles ne sont plus bonnes que pour la plantation. Ainsi, qu'elles soient gelées, germées ou non mûres, elles peuvent encore offrir des ressources aux hommes et aux animaux.

On seroit coupable de chercher à les
en priver sur des craintes puériles et
mal fondées.

I I.

Usages des Pommes-de-terre.

Usage des pommes-de-terre pour l'homme.

Moins une denrée subit de préparation
pour l'usage auquel on la destine., plus
elle réunit de points d'utilité. Les pommes-
de-terre cuites simplement à la vapeur
de, l'eau bouillante et assaisonnées de
quelques grains de sel, sont, par consé-
quent, la nourriture la plus commode,
la plus économique et la plus salutaire.
La nature paroît les avoir destinées à être
mangées de cette manière. C'est ainsi que
des nations entières s'en nourrissent. Elles
offrent un aliment tout fait ; et l'homme
des champs peut aller les déterrer à onze
heures, et se procurer à midi un aliment
comparable au pain.

Cuisson des pommes-de-terre.

L'unique moyen de parvenir à opérer la
cuisson des pommes-de-terre sans rien
diminuer de leur saveur et de leur consistance,

tance, c'est de leur appliquer la vapeur de l'eau bouillante. La cuisson sous les cendres, dont le mérite est connu, ne sauroit convenir pour de grandes quantités. En les abandonnant, comme cela se pratique par-tout, à grande eau, dans des vases découverts, à toute la violence du feu, les unes s'écrasent en bouillie, les autres restent fermes, mais toutes deviennent fades et perdent leur caractère farineux. Il faut donc changer de méthode, et préférer celle adoptée par les marchands de châtaignes bouillies.

Toute marmite de fonte, tout chaudron de cuivre est utile pour cette opération. Peu importe le vase dont on se servira, pourvu qu'il s'y trouve trois à quatre pouces d'eau, que les pommes-de-terre y contenues en soient éloignées aussi de quelques pouces, et qu'il se trouve garni d'un couvercle qui ferme assez exactement pour s'opposer à l'échappement de la vapeur de l'eau bouillante.

Un grillage de fer ou un simple clayon ou un panier d'osier qui entreroit dans une marmite, à quelque distance du fond et des parois, suffiroient, avec la pré-

caution de fermer exactement la marmite. L'eau venant à se réduire en ébul-
lition, est refoulée sur les racines, les
baigne, les chauffe de manière à déterminer la cuisson dans leur propre humidité. Quand les pommes-de-terre sont
cuites, on les retire au moyen de deux
anses d'osier attachées au rebord du
panier. Le déchet léger qu'elles éprouvent
en cuisant ainsi, tourne au profit de leur
saveur, qui peut augmenter en expo-
sant les pommes-de-terre au feu sur un
gril au sortir de la marmite.

Lorsque les pommes-de-terre ont été
traitées suivant le procédé indiqué à la
septième pratique de conservation, elles
n'éprouvent aucun changement dans leur
saveur et leurs autres propriétés éco-
nomiques.

Cette réduction sous un petit volume
donne de plus l'avantage de conserver
pendant long-tems le superflu de la provision de chaque hiver, que la germination détruiroit nécessairement au retour
du printems, de la serrer par-tout et de
se procurer dans tous les tems de l'année
la ressource de ce légume.

Les pommes-de-terre ainsi conservées

reprennent bien leur mollesse et leur
flexibilité, lorsqu'on a soin de les exposer
à une douce chaleur dans un vase bien
couvert, avec un peu d'eau. Divisées sous
l'effort du pilon ou par l'action des meu-
les, on en obtient encore une poudre
jaunâtre semblable au salep, dont on
peut faire des gruaux et des potages;
mais, il faut l'avouer, ces préparations
ne sont pas compensées par l'utilité des
produits qui en résultent; elles sont d'ailleurs impraticables en grand, et ne con-
viennent qu'aux petits ménages, qui peuvent se livrer aux soins qu'elles exigent,
et ne craignent pas la dépense du com-
bustible et du tems qu'elles entraînent;
il ne faut cependant pas les négliger.
Depuis long-tems, c'est un des gruaux les
plus estimés par les Suisses et les Alle-
mands. On prépare l'amidon de pommes-
de-terre au gras ou au maigre, et la
bouillie qui en provient, est légere, nour-
rissante et infiniment préférable à celle
de froment : elle peut servir tout à la
fois d'aliment et de remède; elle con-
vient aux vieillards, aux enfans, aux ma-
lades et aux convalescens; elle augmente

le lait aux nourrices et prévient le lait dont elles sont tourmentées : ce seroit une mauvaise économie que de le faire entrer dans le pain, outre qu'il le rendroit plus compact et plus pesant.

On ne cessera de le répéter, c'est dans leur état naturel que l'on doit consommer les pommes-de-terre. Un peu de beurre, de graisse, de lard ou d'huile, de la crême, du lait, du miel suffit pour en former un excellent comestible ; mais le Cultivateur qui en a récolté abondamment, ne doit pas se borner à chercher et à trouver dans ces racines la bonne chère ; elles lui offrent encore la faculté d'augmenter, de bonifier son pain, de faire une épargne sur la consommation des grains, d'obtenir en un mot cette réunion d'avantages inestimables détaillés ci-après ; il seroit inexcusable de n'en point profiter.

Procédé pour faire le pain de pommes-de-terre mélangé.

On pourra juger de l'influence que peuvent avoir dans les campagnes les pommes - de - terre sous forme de pain,

comme supplément des grains ou comme
objet d'économie, par l'exécution soutenue
du procédé suivant. C'est le meilleur que
doivent employer les citoyens qui cuisent
à la maison ; car jusqu'à présent il paroît
impraticable pour les boulangers, sur-
tout pour ceux des grandes communes,
à cause du nombre de leurs fournées, de
leur emplacement toujours trop circons-
crit, des difficultés extrêmes d'assimiler ce
pain, pour le prix, à aucun autre pain,
enfin du mode de police impossible à
établir sur ce point de commerce.

Manipulation.

Prenez, par exemple, vingt-cinq livres
de farine de froment, de seigle ou d'orge,
suivant l'usage et les ressources du canton;
délayez-y, le soir, à la fin de la veillée,
le morceau de levain de la dernière fournée avec suffisamment d'eau chaude pour
en former une pâte extrêmement ferme
que vous couvrirez et que vous laisserez
dans le pétrin pendant toute la nuit,
comme vous le faites pour le levain ordinaire.

Le lendemain matin, ayez vingt-cinq

livres de pommes-de-terre préalablement
cuites ; mêlez-les toutes chaudes au levain
avec un demi-quarteron de sel et assez
d'eau pour le fondre ; le mélange se fera
par portions , au moyen d'un rouleau
de bois ; dès qu'il sera achevé , tournez
sur - le - champ vos pains ; ils ne doivent
pas être de plus de quatre livres ; mettez-
les sur couches , et quand ils auront at-
teint leur apprêt , enfournez-les , avec
la précaution de chauffer moins le four
et d'y laisser la pâte plus long - tems
séjourner.

Il faudra avoir une livre de farine environ pour manier et sécher la pâte ; et
cette farine réunie aux ratissures du pétrin avec le moins d'eau possible , formera
le levain de chef pour la fournée à venir.

En suivant exactement cette manipula-
tion , on est assuré de réussir et d'obtenir
le pain qui vient d'être décrit.

Observations sur ce procédé.

Ce procédé consiste donc à n'employer
la farine, de quelques grains qu'elle pro-
vienne , que sous la forme de levain , à

y mêler les pommes-de-terre , à parties
égales , au sortir du chaudron ; à les in-
corporer , au moyen d'un rouleau , sans
avoir besoin de les peler et du concours
de l'eau pour pétrir ; à donner au mélange
une grande consistance , à chauffer le four
modérément , à diviser la pâte et à ne
l'enfourner que quand elle est parfaitement levée.

En recommandant de ne faire que des
pains du poids de quatre livres , de tenir
la pâte extrêmement ferme et de mettre
en levain la totalité de la farine destinée
à la fournée , c'est d'abord dans la vue de
favoriser la cuisson dans l'intérieur , qui
se ressuieroit difficilement. Pourquoi le
cultivateur est-il dans l'habitude de faire
de plus grosses masses ? C'est pour que le
pain se sèche moins d'une fournée à
l'autre. Mais si celui dont il s'agit , quel
qu'en soit le volume , conserve toujours
sa fraîcheur , son objet sera rempli.

A l'égard de la consistance de la pâte ,
elle la perd par l'addition de la pomme-
de-terre qui en lui portant sa propre humidité la ramollit bientôt. C'est en partie de
cette condition que dépend le succès de

la panification, comme aussi de l'état de levain qu'on lui donne avant le mélange des racines.

Rien n'est plus facile que de diminuer les proportions de pommes-de-terre; mais l'économie qui en résulte ne vaut pas la peine de s'en occuper. On pourroit plus difficilement l'augmenter et la porter jusqu'aux deux tiers de la farine employée, mais alors il faudroit que ce fût avec le gruau de froment que se fît le mélange : or, comme le pain des habitans des campagnes est rarement de pur froment, qu'i l entre toujours dans sa composition du seigle, souvent même de l'orge, qu'on n'extrait de la farine de ces graines qu'une partie du son ; il s'ensuit que la pâte seroit trop grasse, trop molle pour absorber la surabondance d'humidité contenue dans une aussi grande quantité de pommes-de-terre, et qu'on n'obtiendroit qu'un pain très-défectueux : il faut donc s'arrêter à la proportion de parties égales. C'est la seule à laquelle il faille se restreindre.

On pourroit, sans doute, peler les pommes-de-terre, mais ce travail minutieux , embarrassant et long pour de grandes fournées, n'est pas indispensablement nécessaire ; il fait perdre d'ailleurs aux racines la chaleur qui favorise leur broiement , leur mélange au levain , et la fermentation de la pâte ; d'ailleurs , à peine cette peau qui n'est pas sensible au goût , le devient-elle à la vue, et il n'en résultera jamais la différence qu'il y a du pain blanc au pain bis ; car , la proportion de la peau à la pulpe de la racine n'est pas , à beaucoup près , la même que celle du son aux grains. C'est un simple épiderme dont à peine on rencontre les vestiges.

Au reste , l'invitation aux cultivateurs d'introduire des pommes-de-terre dans le pain , a pour objet de leur épargner tout ce qui pourroit embarrasser et nuire au succès du procédé , et à le rapprocher de celui qu'ils suivent pour préparer la base de leur nourriture , sans trop s'occuper de blancheur et de légèreté , pourvu qu'il soit de bonne qualité , véritablement économique et très-substantiel C'est là le but auquel doivent tendre toutes les recherches en ce genre.

On vient de publier un autre procédé qui est plus gênant que celui que nous conseillons, mais que nous croyons devoir rapporter comme encore plus économique. Ce procédé que le C. *Costel* a exécuté plusieurs fois avec succès sur un demi-quintal de mélange, consiste à former, le soir, un levain avec le levain de chef, la moitié des pommes-de-terre et de la farine destinées à la fournée, dans la proportion de dix livres de pommes-de-terre sur sept livres de farine, sans y employer d'eau, et à ajouter, le lendemain matin, à ce levain, le restant de la farine et des pommes-de-terre. La pâte qui en provient, étant divisée, tournée et suffisamment levée, on l'enfourne comme à l'ordinaire.

Mais il est nécessaire d'observer que ce procédé n'est praticable qu'avec de la farine de froment ou tout au plus d'orge, parce que la farine des autres grains avec lesquels on prépare également du pain plus ou moins défectueux, est naturellement trop grasse pour absorber la totalité de l'eau contenue dans une aussi grande quantité de pommes-de-terre.

Machine à faire la pâte.

On désireroit proposer un moyen moins pénible que n'est le rouleau , pour convertir la pomme-de-terre en pulpe , et la mêler au levain. L'instrument dont se sert le vermicellier pour faire ses pâtes , pourroit le remplacer ; mais le C. *Mustel* a annoncé , dès 1767 , une machine plus expéditive encore pour broyer , en peu de temps , une grande quantité de ces racines , et en faire une pâte très-fine ; en voici la description :

Deux cylindres de bois d'environ un pied de diamètre et de deux de longueur , posés horizontalement et parallèlement, forment cette machine ; on adapte une manivelle à l'extrémité et au centre d'un des deux cylindres. Un ouvrier , en tournant cette manivelle , fait tourner le cylindre auquel elle est adaptée , et le frottement qui résulte de sa rotation fait tourner l'autre cylindre dans un sens opposé.

Une espèce de coffre en forme de trémie de moulin, mais plus long que large , est suspendu au-dessus , et entre les deux

cylindres ; c'est dans cette espèce de trémie, plus évasée en haut qu'en bas, qu'on
met successivement les pommes-de-terre
cuites ; elles tombent entre les deux cylindres à mesure que se fait le broiement.
Un baquet, ou tout autre réceptacle,
placé dessous, que l'on a soin de vider
de tems en tems, reçoit la pâte qui tombe
continuellement en pulpe très-fine.

Avantages du pain de pommes-de-terre mélangé.

C'est particulièrement pour les fermiers environnés de terreins propres à
la culture des pommes-de-terre et qui en
ont amplement récolté cette année, ayant
beaucoup de gens et un bétail nombreux
à nourrir, que ces racines sous forme de
pain procureront une foule d'avantages
dont il suffira d'exposer les principaux.

Si le froment et le seigle ensemble ou
séparément donnent d'excellent pain sans
qu'il soit nécessaire d'y rien ajouter, il
s'en faut bien que l'orge, l'avoine, le sar-
rasin, le maïs, le millet, les pois, les
fèves, les vesces, dont on prépare le pain
dans les campagnes de plusieurs cantons

de la République, offrent un aussi bon
aliment. Les pommes-de-terre ajoutées à
parties égales à la farine de ces grains
réduite à l'état de levain, y apporteroient
des changemens utiles, et l'économie qui
pourra en résulter, dépendra du prix
local des pommes-de-terre comparé à
celui des grains que ces racines rempla-
ceront ; tous les calculs donnés à cet
égard sont plus ou moins fautifs. Mais
voici où l'économie doit être singulière-
ment attentive : la pomme-de-terre laisse
à la farine de froment la qualité que la
meilleure peut avoir ; elle corrige même
le défaut qu'elle auroit contracté, soit
au moulin, soit au grenier ; elle tient,
pendant huit jours au moins que dure
l'intervalle d'une fournée à l'autre, le
pain aussi frais que quelques heures
après qu'il est tiré du four ; elle a de plus
la propriété d'enlever à la farine d'orge
et à celle des autres grains nommés plus
haut, ce goût désagréable appartenant
à chacune d'elles, qui se conserve dans
toute espèce de pain où elles dominent.
Ce n'est donc pas seulement une épargne
sur les grains que procurera, dans les

campagnes, le pain de pommes-de-terre mélangé, il opérera encore une amélioration dans la qualité de l'aliment.

Cependant en offrant un procédé pour augmenter dans les campagnes la masse du pain, on est bien éloigné de donner exclusion aux autres formes sous lesquelles les pommes-de-terre servent de nourriture habituelle ; c'est un moyen de plus pour diminuer la consommation des grains et pour approprier encore ces racines à la subsistance, lors même qu'elles ne valent plus rien à être mangées en nature ou à servir à la plantation.

Quelques auteurs, séduits par un zèle assurément bien louable, ont avancé qu'en doublant ainsi la masse panaire, c'étoit avoir doublé sa vertu alimentaire ; mais il s'en faut que le pain mélangé ait reçu un pareil accroissement dans ses effets nourriciers. Les meilleures pommes-de-terre ne contiennent qu'un tiers de leur poids de matière sèche nourricière comparable aux grains ; le surplus n'est que l'eau de végetation qui, dans la fabrication de la pâte, fait les fonctions

de véhicule de pétrissage , et qui s'éva-
pore en partie au four durant la cuisson.
Ces racines n'y existent donc réellement
et par le fait, que pour un tiers au plus :
ce seroit égarer le Cultivateur , que de
lui laisser entrevoir une autre espérance.
Lorsqu'on a pour objet spécial d'éclairer
les habitans de la campagne sur leurs vé-
ritables intérêts , qui tiennent à l'intérêt
général , il faut se mettre dans leur position, et bien examiner si ce qu'on va
leur indiquer est facilement praticable ,
si toutes les circonstances qu'on ne pèse
pas assez , dans les essais qui se font
souvent dans les grandes communes ,
ne sont pas trop au-dessus de leurs
moyens physiques et moraux.

On a proposé et on propose encore
journellement une foule de recettes pour
introduire dans le pain la pomme-de-
terre sous des formes différentes et à des
doses variées : ce sont de simples tenta-
tives du moment plus curieuses qu'utiles;
leur défectuosité s'apperçoit bientôt , dès
qu'il s'agit d'en faire l'application à la subsistance fondamentale de tout un canton,
pendant une décade. On ne s'arrêtera

donc pas à les décrire, car il faudroit en
faire la critique ; la Commission profite
même de la circonstance pour avertir
que le pain mélangé de farine de froment
et de riz n'est nullement un pain économique; qu'il faut consommer ce dernier
grain en substance, comme aussi les ci-
trouilles et autres fruits pulpeux, les
racines charnues qu'on s'obstine malgré
la nature à vouloir transformer en pain,
sans calculer le tems, l'embarras, la
dépense, sans apprécier la ressource et
même l'existence du supplément proposé.
L'expérience et la raison ont fait voir
suffisamment que beaucoup de ces pains
reviendroient plus cher que s'ils étoient
composés de farine pure de froment, et
nourrissent cependant un tiers de moins.

Usage des pommes-de-terre pour les animaux.

Parmi les usages avantageux qu'on peut
faire des pommes-de-terre dans l'économie rurale, il faut compter leur succès
pour les animaux de tout âge et de toute
espèce. Elles réussissent à cet égard par-
dessus tout autre aliment, et dans le
nombre

ńombre des substances propres à sup-
pléer les grains, ces racines doivent être
regardées comme les plus nourrissantes
et les moins coûteuses.

Quel bénéfice pour le fermier, s'il pou-
voit se déterminer à consacrer annuelle-
ment à la culture des pommes-de-terre
deux champs d'une étendue proportion-
née, l'un aux besoins de sa famille, et
l'autre à la quantité du bétail ! On ne
verroit plus tant de terreins inutiles ou
stériles dans la République, parce qu'ils
ne sont pas suffisamment fumés et bien
travaillés, et l'épargne faite sur les grains
auroit une destination plus utile.

Tous les animaux s'accommodent fort
bien de la pomme-de-terre ; elle est également à l'abri de tout reproche fondé.
On peut la leur administrer crue ou cuite,
selon les ressources locales, en observant
d'y ajouter toujours du sel et d'autres
genres de nourriture ; car l'usage continu
d'une même espèce d'aliment n'aiguillonne
pas l'appétit ; les mélanges plaisent à
tous les êtres. Il faut encore avoir la précaution de les couper par morceaux, et,
si on les fait cuire, attendre qu'elles soient

C

un peu refroidies , régler leur quantité sur la force et la constitution de l'animal, et sur-tout mesurer à chacun sa ration , pour prévenir les accidens ; car quel est l'aliment dont l'excès ne soit pas sujet à inconvénient ?

Pour les bœufs.

Un boisseau de pommes-de-terre pesant dix-huit à vingt livres, par jour , indépendamment du foin qu'on jette toujours dans le ratelier , épargne le fourrage et nourrit fort bien les bœufs destinés à la boucherie ; il en faut un peu moins pour les vaches qui alors donnent beaucoup de lait.

Pour les chevaux.

Cette nourriture les soutient également ; mais il faut la mêler avec le fourrage et en donner une mesure semblable à celle de l'avoine ; et dès que les chevaux en ont contracté l'habitude , ils frappent du pied aussi-tôt qu'ils voient arriver le panier qui contient les pommes-de-terre.

Pour les moutons.

En leur donnant les pommes-de-terre avec les autres racines potagères , ils engraissent facilement , produisent plus de suif, sans consommer autant de fourrage.

Pour les cochons.

Rien de plus convenable à leur nourriture et aux vues qu'on a de les engraisser promptement et à peu de frais , que les pommes-de-terre ; on peut conduire ces animaux, plusieurs jours de suite , dans le champ où on les a récoltées; en fouillant la terre, ils y trouvent les tubercules qui ont échappé aux ouvriers.

Pour la volaille.

Tous les oiseaux de basse-cour peuvent être mis à l'usage des pommes-de-terre , et épargner encore sur la consommation des grains.

Pour le poisson.

Enfin , il n'y a pas jusqu'aux poissons qui ne puissent trouver leur nourriture dans les pommes-de-terre ; il suffit de les leur jetter dans les étangs et les viviers par la bonde.

Supplément du son pour la préparation de l'eau blanche.

L'obligation où l'on est de faire servir à nos subsistances tout ce que les grains contiennent de farineux, prive les animaux d'une boisson trop recommandable dans la médecine vétérinaire, pour ne pas chercher à la remplacer par des matières analogues. C'est l'eau blanche que, sous différentes formes, la pomme-de-terre est en état de remplacer.

En délayant les pommes-de-terre crues et rapées, exprimées au pressoir à cidre, cuites avec l'addition d'un peu de sel, il en résulte sur-le-champ une eau blanche comparable pour ses effets à celle qui porte ce nom.

Cette nourriture délayante et lactiforme conviendroit aux jeunes animaux, et spécialement aux veaux; en les sevrant de bonne heure, les fermiers ne seroient pas forcés de les vendre, ils pourroient faire des élèves sans nuire à leur commerce de lait.

Réflexions générales.

L'expérience ayant démontré souvent que les petites pommes-de-terre entières parvenues au point de maturité convenable, valoient pour le moins autant qu'un quartier de la plus grosse pour servir à la plantation, il seroit prudent dès les premiers instans de la récolte, de s'occuper à en faire la séparation et à y renoncer pour la nourriture.

Combien il seroit à désirer qu'on voulût bien dans ce moment mettre en réserve toutes ces petites pommes-de-terre, jusqu'au retour du printems, et qu'on ne les apportât plus au marché! La ménagère qui les achète les fait cuire ensemble, et ne s'occupe ordinairement à les trier qu'après la cuisson; elle les jette ensuite au rebut, parce qu'elles exigent des soins minutieux pour les éplucher. Les voilà donc perdues pour la subsistance publique, et pour la reproduction future.

Les Cultivateurs qui ont fait une récolte abondante de pommes-de-terre, remédieroient facilement à cet inconvénient, en échangeant les grosses contre des petites ; en achetant celles-ci au même prix que les premières, en en prêtant à ceux de leurs frères moins aisés qui désireroient en planter. La Commission les invite, au nom de la Patrie, à exercer cet acte de bienfaisance qui ne coûtera rien ; à faire tourner au profit de la République, de l'Agriculture et de leur famille, l'importante économie qu'elle leur propose ; enfin à opérer le bien qu'elle a droit d'attendre de l'adoption et de l'exécution des moyens qui leur sont offerts dans la présente Instruction.

Signé, BERTHOLLET, L'HÉRITIER, *Commissaires* ; TISSOT, *Adjoint* par interim.

A PARIS, de L'IMPRIMERIE DE LA FEUILLE DU CULTIVATEUR, rue des Fossés-Victor, n°. 12.